BEI GRIN MACHT SICH IHR WISSEN BEZAHLT

- Wir veröffentlichen Ihre Hausarbeit,
  Bachelor- und Masterarbeit

- Ihr eigenes eBook und Buch -
  weltweit in allen wichtigen Shops

- Verdienen Sie an jedem Verkauf

Jetzt bei www.GRIN.com hochladen und kostenlos publizieren

Caprice Mathar

Moderne Konzepte des Hochwassermanagements

GRIN Verlag

Bibliografische Information der Deutschen Nationalbibliothek:

Die Deutsche Bibliothek verzeichnet diese Publikation in der Deutschen National-
bibliografie; detaillierte bibliografische Daten sind im Internet über http://dnb.d-
nb.de/ abrufbar.

Dieses Werk sowie alle darin enthaltenen einzelnen Beiträge und Abbildungen
sind urheberrechtlich geschützt. Jede Verwertung, die nicht ausdrücklich vom
Urheberrechtsschutz zugelassen ist, bedarf der vorherigen Zustimmung des Verla-
ges. Das gilt insbesondere für Vervielfältigungen, Bearbeitungen, Übersetzungen,
Mikroverfilmungen, Auswertungen durch Datenbanken und für die Einspeicherung
und Verarbeitung in elektronische Systeme. Alle Rechte, auch die des auszugsweisen
Nachdrucks, der fotomechanischen Wiedergabe (einschließlich Mikrokopie) sowie
der Auswertung durch Datenbanken oder ähnliche Einrichtungen, vorbehalten.

Impressum:

Copyright © 2009 GRIN Verlag GmbH
Druck und Bindung: Books on Demand GmbH, Norderstedt Germany
ISBN: 978-3-656-58668-5

RWTH Aachen
Geographisches Institut
Proseminar Geographie
Wintersemester 2009/2010
Hausarbeit

18.11.2009

Mensch und Umwelt: Moderne Konzepte des Hochwassermanagements

Caprice Mathar

Inhaltsverzeichnis

1 Einleitung

Gegenstand der Hausarbeit ist die Beschreibung des Phänomens Hochwasser und die dadurch entstehenden Probleme, sowie das Hochwassermanagements, also die eventuelle Bekämpfung von Überschwemmungen. Die nachfolgende Arbeit soll auf diese Probleme hinweisen und mögliche Lösungsansätze bieten.

Zu Beginn soll in Kapitel 2 das Thema Hochwasser als eine Naturkatastrophe eingegrenzt und herausgestellt werden, um einen Eindruck über eine eventuelle Bedrohung zu geben. Darauffolgend wird in Kapitel 3 auf die Entstehung und die Ursachen von Hochwassern eingegangen, um schließlich mögliche Maßnahmen im Rahmen des Hochwassermanagements aufzuzählen. Zwei dieser Methoden werden hierbei exemplarisch dargestellt, damit eine Vorstellung vermittelt werden kann, wie solche Maßnahmen in der Praxis umgesetzt werden können. Im Anschluss werden in Kapitel 4 eventuelle Vorbeugungsmaßnahmen an dem Fallbeispiel „der Rhein" beschrieben, um herauszufinden, inwiefern die zuerst genannten Methoden wirksam sind, um daraus auch eventuell allgemeingültige Schlüsse für die Hochwasserbekämpfung ziehen zu können. Ihren Abschluss findet die vorliegende Arbeit in Kapitel 5 mit einer Zusammenfassung der Maßnahmen, einer Bewertung, ob diese Lösungsansätze erfolgreich sind oder nicht, und einer Einschätzung des Restrisikos, welches eventuell bestehen bleibt, sowie der kurzen Darstellung der persönlichen Meinung.

2 Naturkatastrophen

2.1 Naturkatastrophen im 21. Jahrhundert

Weltweit ist seit 1950 ein Anstieg der Naturkatastrophen und die dadurch verursachten Schäden zu verzeichnen (Berz 2002:9). Im Allgemeinen werden als Begründung dafür die Bevölkerungszunahme, zunehmende Verstädterung, Änderung der Umweltbedingungen oder auch die Anfälligkeit moderner Gesellschaften genannt (Berz 2002:9).
Die Änderungen der Umwelt sind dem Klimawandel zuzuschreiben. Zum Beispiel sind die Winter milder geworden. Dadurch fällt mehr Niederschlag in Form von Regen als Schnee. Dies hat einen höheren Anstieg der Wasserpegel der Flüsse zur Folge (Berz 2002:10).

2.2 Naturkatastrophen in Deutschland

In Deutschland kam es in den letzten Jahrzehnten zu verschiedenen Bedrohungen und großen Schäden durch extreme, atmosphärische Ereignisse. Im Zeitrahmen von 1970 - 2000 sind Stürme die häufigste Naturkatastrophe in Deutschland. In Prozent ausgedrückt bedeutet dies ein Anteil von 64%. Gefolgt werden Stürme von Überschwemmungen, die einen prozentualen Anteil von 19% ausmachen. Danach kommen Erdbeben mit 4% und Sonstige, wie zum Beispiel Winterschäden, Erdrutsche oder Waldbrände, mit 13% (Berz 2002:13).

Vergleicht man Deutschland mit anderen Ländern, so ist Deutschland ein Land, das von Naturkatastrophen nur gering gefährdet ist. Doch durch die dichte Besiedlung der Bundesrepublik können hohe Schäden entstehen, weil sofort eine große Anzahl von Gebäuden und Menschen betroffen sind. Durch häufig mangelhafte „bautechnische und organisatorische Vorsorgemaßnahmen" (Berz 2002:12) werden diese Schäden dann noch verstärkt.

2.3 Hochwasser – eine Naturkatastrophe

Seit Beginn der Siedlungsgeschichte ließen sich die Menschen gerne in der Nähe von Gewässern nieder. Zum Beispiel wegen der Transportmöglichkeit oder wegen des Schutzes vor Feinden. Heute ist der Raum um Flüsse herum durch Gewerbegebiete oder landwirtschaftlich genutzte Flächen dicht besiedelt.

Damals wie heute stellen aber Hochwasser gerade in diesen Gebieten eine Bedrohung dar, so dass wichtige Vorsorgemaßnahmen getroffen werden müssen (o .A. Delitzsch 1995:4).

3 Hochwasser und Hochwassermanagement

Als Hochwasser wird ein Zustand bezeichnet, der zum einen zeitlich begrenzt ist, zum anderen bei dem es durch zum Beispiel starker Regenfälle zu hohen Wasserständen gekommen ist und zuletzt das Ausufern von Flüssen (Opp 2004:86).

Das Deutsche Institut für Normung (DIN 404 9-3) (1994) beschreibt Hochwasser wie folgt: „Zustand in einem oberirdischen Gewässer, bei dem der Wasserstand oder der Durchfluss einen bestimmten Wert (Schwellenwert) erreicht oder überschritten hat" (in Honecker 2005:14). Dies bedeutet, dass zum Beispiel ein Fluss oder das Meer, welche überirdische Gewässer sind, einen bestimmten Pegelstand erreicht hat oder, wie Opp (2004:86) sagen würde, einen Wasserstand erreicht haben bzw. schon höher ist.

3.1 Unterscheidungen von Hochwasser und die Ursachen

Laut des Technischen Hilfswerk (THW) gibt es drei Unterscheidungsarten von Hochwasser. Hierbei spielt die Region und die verschiedenen Auslöser eine Rolle. An schmalen Küstenstreifen werden Überschwemmungen durch einen generell sehr hohen Wasserstand mit hohen Wellen ausgelöst. Der hohe Wasserstand und die Wellen entstehen durch Windstau. Windstau bedeutet, dass das Wasser durch den Wind entgegengesetzt zur Fließrichtung herein gedrückt wird. Das Wasser staut sich auf und der Wasserpegel steigt. In einem solchen Fall spricht man von einer „Sturmflut" (THW 2009). Des Weiteren gibt es Flusshochwasser, die durch ausgiebigen und anhaltenden Regen entstehen, so dass die Wasserpegel eines Flusses steigen. Dies kann auch durch Schneeschmelze zusätzlich begünstigt werden (THW 2009). Durch lokalen Starkregen, häufig auch in Form von Gewittern, ausgelöste Hochwasser werden als Sturzflut bezeichnet. Diese können überall auftreten, auch wenn die Orte keine Nähe zu Gewässern haben (THW 2009). Es ist aber auch zu beachten, dass der Mensch auch als Hochwasserfaktor fungiert (o. A. Delitzsch 1995:4). Ein Beispiel sind die durch den Menschen verursachten Waldschäden. Dies bedeutet, dass durch das Waldsterben weniger Bäume da sind, um das Wasser zurückzuhalten, wodurch es auch zu einer verstärkten Erosion des Bodens kommt (o. A. Delitzsch 1995:5). Als weitere durch den Menschen beeinflusste Ursachen können noch die Oberflächenversiegelung, also die starke Besiedlung, der Gewässerausbau und die Begradigung, die zu einer höheren Fließgeschwindigkeit führen, genannt werden. Generell greift der Mensch in die Natur ein, um Ressourcen auszuschöpfen. Dadurch treten aber nicht mehr Hochwasser auf, allerdings sind sie verheerender auf Grund der höheren Fließgeschwindigkeiten oder des Rückhaltevermögens (Honecker 2005:15). So werden Hochwasser durch klimatische Parameter und durch künstliche Parameter verursacht.

Die drei genannten „Überschwemmungstypen" (THW 2009) fordern unterschiedliche Maßnahmen zur Vorbeugung von Hochwassern und eine umfangreiche Planung.

3.2 Hochwassermanagement – der Kampf gegen Hochwasser

Hochwassermanagement oder auch Hochwasserrisikomanagement setzten sich aus den Hauptelementen Hochwasservorsorge und Hochwasserbewältigung zusammen (Grünewald 2005:80). Grünewald beschreibt den Prozess des Hochwasserrisikomanagements als einen Kreislauf. Als Ausgangspunkt kann das gerade passierende Hochwasser genommen werden. Der erste Schritt ist nun die Bewältigung des Hochwassers mit ihren verschiedenen Schritten. Zuerst wird die Katastrophe abgewehrt. Im Anschluss wird den Betroffenen geholfen und schließlich kommt es zum Wiederaufbau. „Der Wiederaufbau nach der Katastrophe" sollte „bereits Ansätze für eine verbesserte Vorsorge enthalten" (Grünewald 2005:80), so dass bei der Flächenvorsorge oder die Bauvorsorge, die Bauweisen angepasst werden. Des Weiteren sollte der Betroffene selber sich eine „finanzielle (versicherungsgestützte) Eigenvorsorge" (Grünewald 2005:80) besorgen. Die Bevölkerung sollte sich aber nicht nur finanziell gegen Hochwasser absichern, sondern auch eine Verhaltensvorsorge betreiben. Dies beinhalten das Üben von gefährlichen Situationen, die Aufklärung und Vorbereiten auf das nächste Hochwasser (Grünewald 2005:80).

„Schäden durch Extremhochwasser lassen sich nur durch vernünftige Verknüpfungen von Vorsorge und Bewältigung reduzieren" (Grünewald 2005:81), somit müssen alle diese Komponenten zusammenspielen, um das Hochwasserrisiko zu minimieren.

4

Abbildung 1: Kreislauf des Hochwasserrisikomanagements   Quelle: Grünewald 2005

Pohl (2002:35) sagt über dieses Thema „A und O des Hochwassermanagements sind Kommunikation und Koordination", vor allem im Bereich des Krisenmanagements. Das Hochwassermanagement bedeutet für Pohl, die Erstellung und Planung von Hochwasserkonzepten, also Schutzmaßnahmen, zur Eindämmung des Hochwasserrisikos. Bei einem Hochwasser, das eine „außerordentliche Lage" bedeutet (Pohl 2002:35), spricht er von einem „Risikomanagement" (Pohl 2002:35). In ihren Einzelheiten unterscheiden sich diese beiden Begriffserklärungen. Jedoch haben sie beide die Grundidee mit Hilfe ihrer Planung, die Bekämpfung von Hochwasser so effektiv wie möglich zu gestalten.

3.3 Maßnahmen zur Hochwasservorsorge

Die Maßnahmen zum Schutz vor Hochwasser werden nach der Häufigkeit des Auftretens von Hochwassern differenziert. Bei häufigen Überschwemmungen, gibt es verschiedene „weiche, strukturelle Maßnahmen" (Grünewald 2005:82). Diese wären wie folgt die Renaturierung, die Entsiegelung, eine verbesserte Infiltration, der dezentraler Rückhalt, Deiche, Deichverlegung und die Querschnittsaufweitung. Häufige Überschwemmungen bedeuten, dass mindestens eine Überschwemmung in einer Dekade aufgetreten ist.
Technische Maßnahmen werden bei seltenen Überschwemmungen genommen. Seltene Überschwemmungen meinen einen Zeitrahmen von 10 - 200Jahren, in denen ein Hochwasser aufgetreten ist. Zur Prävention werden dann Rückhaltebecken und -Flächen, Polder und auch Deiche, sowie Deichrückverlegungen und Querschnittsaufweitung gebaut. Für Hochwasser, die als sehr selten deklariert werden, also nur einmal in 200 Jahren aufgetreten sind, werden nur organisatorische Maßnahmen getroffen. Diese sind die Notentlastung, die Katastrophenbewältigung und die finanzielle Vorsorge (Grünewald 2005:82).
Wie bereits erwähnt gibt es für die einzelnen Überschwemmungstypen unterschiedliche Methoden zur Vorbeugung. So werden bei Flusshochwasser die Technischen Maßnahmen angewandt (THW 2009). Zusätzlich können mobile Objekte verlagert werden, so dass sie keinen Schaden nehmen. Dafür ist allerdings eine Vorwarnung von Nöten (THW 2009). Diese

besteht aus der schnellen Weitergabe von exakten Messwerten. So können durch eine gute Kommunikation große Schäden vermieden werden (Pohl 2002:35). Dies gilt auch bei Sturmfluten, so dass bei diesen Überschwemmungen im schlimmsten Fall eine Evakuierung stattfinden kann. Um diese Hochwasserrisiken zu minimieren, werden Deiche gebaut (THW 2009). Für Sturzfluten gibt es keinerlei Maßnahmen, weil diese überall vorkommen können und nicht in Verbindung mit einer regionalen Gegebenheit stehen (THW 2009).

Insgesamt sollte beim Hochwasserschutz vor allem auf „landschaftsökologische[r] und operative[r] Vorsorge" (o. A. Delitzsch 1995:7) gesetzt werden, weil diese Maßnahmen die Umwelt nicht belasten. Beispiele dafür sind das „Aufforsten und zweckmäßige land- und fo[r]stwirtschaftliche Nutzung" (o. A. Delitzsch 1995:7). Dies dient unter anderem zur Verminderung von Bodenerosionen an Hanglagen. Allerdings sind „wasserbauliche Maßnahmen" nicht zu vermeiden (o. A. Delitzsch 1995:7).

3.3.1 Deiche – Aufbau und Funktion

Eine Maßnahme ist der Aufbau und die Funktion von Deichen. Deiche können in Seedeiche und Flussdeiche unterschieden werden (THW 2009). Seedeiche werden an den Küsten gebaut und müssen so konzipiert sein, dass sie dynamischen, also wechselnden und beweglichen, Kräften (THW 2009), die auf sie einwirken standhalten können. „The sea dikes in coastal areas must be strong and heavy enough to turn back seawater forced up by violent storms"(Borger 2004:14). Deswegen haben Seedeiche zum Beispiel eine lange Außenböschung, um die Kraft des Windes und des Wassers abzuschwächen, (THW 2009) bevor sie auf den Deich treffen, weil aufgrund des Bewuchses ein höherer Fließwiderstand entsteht (o. A. Delitzsch 2005:27). Des Weiteren haben Seedeiche an den beiden Seiten unterschiedliche Neigungen, um die Kraft weiter zu reduzieren.

Bei Flussdeichen ist die Neigung an beiden Seiten gleich, da sie einem hydrostatischen, einem konstanten Druck über einen längeren Zeitraum hinweg aushalten müssen (THW 2009). Ein Flussdeich wird in der folgenden Abbildung dargestellt.

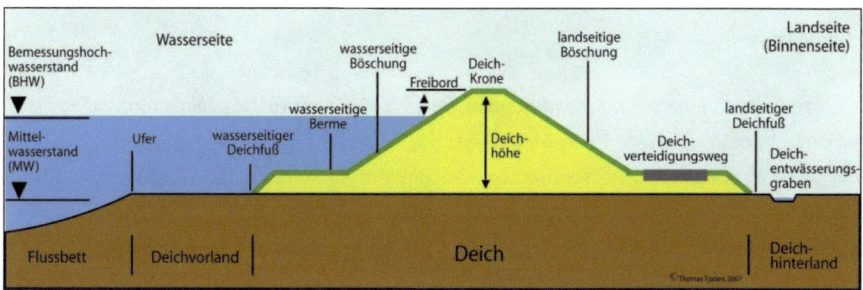

Abbildung 2 : Aufbau eines Flussdeiches   Quelle: *Thomas Tjaden 2007*
www.deichverteidigung.de

Obwohl ihr Aussehen unterschiedlich ist, ist ihre Aufgabe doch die gleiche. Schließlich sollen sie Hochwasser weitestgehend vermeiden (THW 10.11.2009). Die Berechnung der Kraft von Hochwasser ist allerdings schwierig einzuschätzen. Dadurch ist es auch schwer abzuschätzen, welche extremen Belastungen auf den einen Deich wirken (Merz 2006:127). Außerdem können Schäden durch die Vegetation oder Tiere entstehen, welche „innere Erosionen" auslösen können, die zu einer Instabilität führen (Merz 2006:128). Dies soll zeigen, dass Deiche zwar eine gute bauliche Methode sind, aber nicht in jedem Fall zuverlässig sind.

3.3.2 Renaturierung – Wiederherstellung der Natur

Eine weitere Maßnahme ist die Renaturierung. In Gebieten, in denen häufig Hochwasser auftreten (Grünewald 2005:82), wird versucht, die Gebiete durch neue Bepflanzung der Uferbereiche, Ausweisung von Gewässerrandstreifen oder die Schaffung neuer Retentionsräume (o. A. Delitzsch 1995:7) zu schützen, indem ein Gebiet in seine ursprüngliche Landschaft zurückgesetzt wird. Dies wird Renaturierung genannt.

Durch diese Methode sollen die Hochwasserstände wieder sinken und das Fließen des Wassers verlangsamt werden (o. A. Delitzsch 1995:8). So werden Schäden möglichst gering gehalten, weil zum Beispiel durch die Bepflanzung, die Kraft des Wassers, wie bei der Ausböschung der Deiche schon abgeschwächt wird. Dazu tragen auch die Retentionsräume bei. Ein Retentionsraum ist eine Fläche, in der das Hochwasser für eine Zeit gespeichert werden kann. Es wird sozusagen zurück gehalten. Dies führt dazu, dass die Fließgeschwindigkeit reduziert wird, da so das Hochwasser nicht gleichzeitig komplett abfließt (Honecker 2005:80).

Die Renaturierung ist eine Maßnahme, die auch positiv auf die Umwelt wirkt, somit ist sie eine landschaftsökologische Maßnahme, da sie auf natürliche Art das Wasser zurückhält (Honecker 2005:17), obwohl Renaturierung erst mal durch bauliche Maßnahmen hergestellt werden muss. Die Renaturierung trägt zur Verbesserungen des Hochwasserschutzes bei (o. A. Delitzsch 1995:7) und ist dabei natürlich und so gut für die Umwelt.

3.3.3 Zusammenfassung

Zusammenfassend gibt es verschiedene Methoden zur Vorsorge und Risikominimierung mit unterschiedlichen Wirkungsweisen. Diese Hochwasserkonzepte, die diese Maßnahmen enthalten (Pohl 2002:35), gehören dem Hochwassermanagement an, welches zur Aufgabe hat das Risiko von Hochwasser durch Planung zu verringern (Pohl2002:35). Diese Konzepte lassen sich ganz allgemein, in natürlichen Wasserrückhalt, technischer (baulicher) Hochwasserschutz und weitergehende Hochwasservorsorge, wie Verhaltensvorsorge und Flächenvorsorge, also das bewusste Nachdenken, über die Nutzung von Gebieten bzw. deren Freilassung unterteilen (Honecker 2005:17). Im Falle eines Hochwassers beschäftigt sich das

Hochwassermanagement mit der Bekämpfung des Hochwassers, um Schäden zum Beispiel möglichst gering zu halten. Hochwassermanagement wird in diesem Fall zum Risikomanagement (Pohl 2002:35).

4 Köln am Rhein – ein Fallbeispiel

„Und ich habe immer noch Angst vor dem Rhein,[...] der unheimlich und so sanft durch die Träume der Kinder murmelt, ein dunkler Gott, der bewiesen haben will, dass er noch Opfer fordert:[...] nichts von Lieblichkeit, wird er breit wie ein Meer, dringt in Wohnungen ein, steigt grünlich in den Kellern hoch, quillt aus Kanälen, brüllt unter Brückenbogen dahin[...]", so beschrieb Böll, der in Köln gelebt hat, 1960 den Rhein (in Schlepütz et al. 2004:22).

Dieses Zitat soll verdeutlichen, dass die Gefahr von Hochwasser der Bevölkerung am Rhein immer bewusst war. In Europa ist Köln die Stadt, die am meisten mit Hochwasser zu kämpfen hat (Stadtentwässerungsbetriebe Köln 2009). Oft wird der Rhein als „Lebensader und Schadensbringer" (Schlepütz et al.2004:21) bezeichnet. Bereits die Römer ließen sich am Rhein nieder und so wurde er im Laufe der Jahrhunderte immer dichter besiedelt. Im 19.Jahrhundert wurde der Rhein ausgebaut und somit wurde er zu einer der wichtigsten Handelsachsen. Dadurch wurde er später zu einem wichtigen Standort für die Industrie, und ab dem 20.Jahrhundert zu einem Energiezentrum (Schlepütz et al.2004:21). Jedoch entstanden für die Bevölkerung und die Wirtschaft häufig hohe Schäden durch Hochwasser, so dass ein Plan zum Hochwasserschutz auf den Weg gebracht wurde, um Schäden von zum Beispiel 100 Mio. €, verursacht durch die Jahrhunderthochwasser von 1993 und 1995, zu verringern bzw. zu vermeiden (Pohl 2002:30).

4.1 Ursachen der Hochwasser am Rhein

Mit einem Einzugsgebiet von über 180000km² ist der Rhein das größte Entwässerungsgebiet in Deutschland und reicht von den Alpen bis an die Nordsee (Pohl 2003:30/31). Für die Ursachen von Überschwemmungen gibt es verschiedene Gründe. Dies sind zum einen klimatische Parameter. So führen die Schneeschmelze in den Alpen zu Hochwasser, sowie starker und anhaltender Regen in den Mittelgebirgen (Pohl 2002:30). Im Winter kommt zusätzlich hinzu, dass nur wenig Wasser verdunstet und Tiere und Pflanzen nicht so viel Wasser benötigen (Pohl 2002:31). In früheren Jahren gab es auch so genannte Eishochwasser. Das bedeutet, dass der Rhein vereist war und durch plötzlich einsetzendes Tauwetter die Eisdecke schnell schmolz. Das letzte Eishochwasser ereignete sich 1963. Seitdem gab es keine Eisbildung mehr. Als Begründung dafür sind mildere Winter, das Einleiten von Kühlwasser aus Kraftwerken, welches die Wassertemperatur erhöht, oder das Abführen von Salzen und Chemikalien, die eine Gefrierpunkterniedrigung verursachen, zu nennen (Schlepütz et al.2004:23).

8

Als weitere Ursachen für die Hochwasser, die in den letzten Jahren zugenommen haben, kommen auch bauliche Veränderungen am Rhein in Frage (Schlepütz et al.2004:22), wie Laufverkürzungen, die dazu führen, dass die Nebenflüsse des Rheins Neckar, Mosel, Main oder Sieg dicht beieinander zusammenkommen und so einen extremen Anstieg der Pegelstände zur Folge haben (Schlepütz et al.2004:23). Weitere Parameter nach Pohl (2002:21/22), die Hochwasser begünstigen, sind zum Beispiel der Aufbau des Rheins oder sein Abflussvermögen.

Insgesamt können alle genannten Gründe in Kombination miteinander auftreten. Um somit das Risiko von Hochwasser zu minimieren, müssen alle Parameter in der Planung mit einbezogen werden. So muss eine genaue „Ursachenforschung" stattfinden, um effektives Hochwassermanagement betreiben zu können (Pohl 2002:22).

4.2 Das Hochwassermanagement am Rhein

Zum Schutz der 300.000 Menschen, die in bedrohten Gebieten Kölns leben (Schlepütz et al. 2004:23), wurden nach den Jahrhunderthochwassern Hochwasserschutzkonzepte nach den Grundprinzipien: „Dem Fluss mehr Raum geben" und „Wasserrückhaltung im Einzugsgebiet" in die Wege geleitet (Pohl 2002:24). Diese berücksichtigen auch die Natur, die dadurch keinen Schaden nehmen soll. Die Kosten für diese Konzepte werden auf rund 200Mio. € geschätzt (Schlepütz et al.2004:25). „Dem Fluss mehr Raum bieten" bedeutet, ihm mehr Flächen zur Ausbreitung des Wassers, Wasserrückhaltung also eine Abflussverzögerung und -meidung, wo das Wasser nicht gleichzeitig, sondern nach und nach abfließen kann, zu geben. Deswegen sollen Nebengewässer erhalten werden und in ihre „ursprüngliche" Form durch Renaturierung gebracht werden. Des Weiteren werden Deiche zurückverlegt, damit vor ihnen ein größeres Gebiet für das Wasser entsteht, um dadurch den Abfluss zu verzögern. Dies passt zum Konzept „Wasserrückhaltung im Einzugsgebiet". Außerdem sollen hochwassergefährdete Gebiete nicht mehr bebaut werden und eine Bodenentsiegelung stattfinden (Schlepütz et al.2004:24). Dies könnte den Abriss von Gebäuden zur Folge haben, damit auch im Kölner Stadtgebiet Retentionsräume geschaffen werden können (Schlepütz et al.2004:25).

In Planung sind auch verschiedene Schutzanlagen, wie der Bau von Mauern. Da es aber natürlich nicht tragbar wäre, Menschen hinter zwei bis drei Meter hohen Mauern leben zu lassen, werden auch mobile Mauern (Hochwassersperrwände) gebaut, die beliebig auf- und abgebaut werden können. Der Nachteil solcher mobiler Anlagen ist aber, dass sie Zeit und Personen zum Aufbau brauchen, was bei einem Hochwasser mit einzukalkulieren ist (Schlepütz et al.2004:25). Ansonsten müssen Deiche überholt werden, Pumpwerke gebaut werden (Schlepütz et al.2004:25) und Abflüsse im Kanalsystem überarbeitet werden. So wird die Gewässereinhaltung durch Wehrklappen gesteuert, da im Falle eines Hochwassers das Ab-

9

flusswasser zusätzlich hinzukommt. Dazu werden hochwassersichere Kanaldeckel einge-baut und Straßenabläufe verschlossen (Schlepütz et al.2004:23). Auch die Stadtentwässe-rung muss verändert werden, so dass kein Rückstau über Kanalnetze entsteht und das Ab-wasser trotzdem abfließen kann, ohne die Situation zusätzlich zu verschlimmern. Dies ist das schwierigste und teuerste Unterfangen der gesamten Planung (Schlepütz et al.2004:25).

Sollte es trotz aller Schutzmaßnahmen dennoch zu einem Hochwasser kommen, kommt es zum „Fall des Falles" (Pohl 2002:35). Dieses Konzept beinhaltet das Risikomanagement. Doch durch gute Planung kann auch der „Katastrophenfall" planbar werden, somit ist das Konzept „differenziert ausgearbeitet und unterscheidet sich grundsätzlich vom Aktionismus" (Pohl 2002:35). So werden nicht nur einfach durch Soldaten Sandsäcke aufgehäuft, sondern durch eine Weitergabe von Messwerten wird eine Einberufung eines Krisenstabs veranlasst. Dieser Krisenstab gibt zum Beispiel ab einem Pegelstand von 4,50m Hochwasserschutz-maßnahmen (Schlepütz et al. 2004:23), wie den Aufbau der mobilen Wände in Auftrag, und übernimmt so die Führung des weiteren Handelns. Dieser Krisenstab gibt auch die Informa-tionen an die Bevölkerung und die Presse weiter. So können sich die Bürgerinitiativen vorbe-reiten und bereithalten. Schließlich wurde nach der Überschwemmung von 1995 eingese-hen, dass alle – Bürger, Experten, Ämter – zusammen arbeiten müssen und Hochwasserbe-kämpfung nicht nur Aufgabe des Staates ist. Seit 1993 wird so von einem integrativen Hochwassermanagement gesprochen (Pohl 2002:35).

Um die Bevölkerung zu integrieren, wurde eine Hochwasserfibel vom Umweltministerium verfasst, damit diese sich daran orientieren können, wie sie sich selbst aber auch ihren Be-sitz retten können (Schlepütz et al.2004:25). Dies können kleinere, billige Maßnahmen, wie das Aushängen von Türen, damit diese sich durch die Feuchtigkeit nicht verziehen oder das Hochstellen von elektrischen Geräten sein. Doch tragen die dazu bei, dass Schäden sehr stark minimiert werden können (Pohl 2002:35).

Insgesamt lässt sich erkennen, dass es sich um ein umfangreiches Hochwassermanage-ment handelt. Dies verursacht zwar hohe Kosten, jedoch ist eine solche Investition wohl un-ablässig (Schlepütz et al.2004:25).

4.3 Das Hochwassermanagement – erfolgreich am Rhein?

Der Erfolg dieser Konzepte lässt sich beispielsweise schon an dem Hochwasser von 1995 erkennen. Die Ausmaße des Hochwassers waren die gleichen wie 1993, allerdings waren die Schäden nur halb so hoch (Pohl 2002:35). Durch die Nutzung der Hochwassersperrwän-de wurden zwei Tiefgebiete in Rodenkirchen, einen Stadtteil von Köln, nicht überflutet. Au-ßerdem arbeiteten Bundeswehrsoldaten und Bürger zum ersten Mal zusammen. So halfen die Soldaten Keller leer zu räumen, Sandsäcke zu verteilen oder die mobilen Wände zu transportieren. Zwar konnte die Hochwassergefahr nicht komplett gebannt werden, doch gab es der Bevölkerung zwei Tage mehr Zeit ihren Besitz zu sichern (Schlepütz et al.2004:29).

In diesem Zusammenhang wird auch von einer neuen Hochwasserphilosophie gesprochen. Hochwasser wird nicht wie in früherer Zeit als eine „Abwehrschlacht" gesehen, viel mehr steht man dem Problem Hochwasser gelassener gegenüber, da durch den integrativen Hochwasserschutz dem Hochwasser viel „Schrecken genommen werden" kann (Pohl 2002:35). Außerdem wird vorausschauender gearbeitet. So wird nicht mehr „männlich" an die Bekämpfung herangetreten, sondern „weiblich" (Pohl 2002:35). Schließlich ist der neue Umgang weniger spektakulär und kräftezehrend, sondern gelassen und individuell und hin zu einer „ökologischen Ethik" wie Pohl diesen Wandel beschreibt (2002:35). Allerdings werden Hochwasser wegen der klimatischen Parameter immer wieder auftreten, doch werden die Schäden hoffentlich nie mehr so katastrophal ausfallen (Pohl 2002:36). Schließlich haben die Kölner gelernt mit der Bedrohung dieser Naturkatastrophe zu leben. Durch die Umsetzung der Konzepte, wie die schnelle Informationsweitergabe, also der Verbesserung des Hochwassermeldesystems, und der Verstärkung des Hochwasserbewusstsein und daraus folgend der Integration aller, wird das Risiko deutlich minimiert (Schlepütz et al.2004:30).

5 Zusammenfassung

Es ist festzuhalten, dass Hochwasser und die dadurch verursachten Schäden weltweit und in Deutschland zugenommen haben. Als Gründe dafür können der Klimawandel, die dichte Besiedlung, Eingriffe in die Natur und ein früheres, falsches Verständnis des Hochwassermanagements aufgezählt werden (Kron 2003:100). Es müssen moderne Konzepte des Hochwassermanagements auf den Weg gebracht werden. Besonders wichtig sind hierbei das Verhältnis von baulichen, aber auch ökologischen Maßnahmen, sowie die Einbeziehung der Bevölkerung und des Staates gleichermaßen.

Es müssen alte Konstruktionen wie Deiche überarbeitet und neuen Bedingungen angepasst werden. Es müssen neue Konstruktionen gebaut werden, die den letzten aktuellen Bemessungsständen angepasst sind, damit nicht mit veralteten Daten gearbeitet wird. Aber es müssen auch alte Räume in ihre ursprüngliche Natur insofern möglich zurückgesetzt werden und es dürfen keine freien Flächen mehr besiedelt werden. So entstehen die Flächen, die das Wasser zum Speichern und Abfließen braucht ohne dabei Häuser oder die Menschen zu gefährden. Bahlburg sagt dazu, dass „viel gewonnen" sei, „wenn es künftig zu keiner weiteren Besiedlung überflutungsgefährdeter Gebiete käme und vermehrt Flächen für aktives Hochwassermanagement zu Verfügung gestellt werden könnten" (2005:9).

Zu guter Letzt muss sich das Verhalten der Menschen ändern. Zum einen müssen Risiken erkannt und dem Menschen bewusst sein, damit er beginnt zu handeln. Zum anderen müssen alle Institutionen, ob Bürger, Ämter oder Ministerien zusammenarbeiten. So entsteht ein integratives Hochwassermanagement, was dazu führt, dass man sich gegenseitig unterstützt, so dass vieles einfacher und schneller geht, sowie Neues ausprobiert werden kann. Dies lässt sich am Beispiel der Stadt Köln gut beweisen. Es darf aber nicht vergessen werden, dass das Hochwasserrisiko nur verringert aber nie vollkommen ausgeschlossen werden kann. Somit ist eine Bedrohung durch Hochwasser allgegenwärtig, weil Hochwasser jederzeit und überall auftreten können und so nicht „beherrschbar" sind (Honecker 2005:15). Jedoch kann sie durch die neuen Erkenntnisse im Hochwassermanagement gering gehalten werden. Außerdem wird die „außerordentliche Lage" eines Hochwassers planbar und somit weniger bedrohlich (Pohl 2002:35).

Meiner Meinung nach ist das Hochwassermanagement ein guter Anfang, um das Risiko zu verringern. Jedoch zeigt die ständig steigende Zahl der Naturkatastrophen, dass weitere Konsequenzen gezogen werden müssen. Es dürfen nicht nur Präventionsmaßnahmen auf den Weg gebracht werden. Meinem Empfinden nach muss eine neue, klimafreundliche Denkweise stattfinden. Schäden und Risiko sollen nicht nur minimiert werden, sondern es soll versucht werden durch eine ökologische Herangehensweise die gesamte Zahl von Naturkatastrophen, also auch die der Hochwasser, zu reduzieren.

Literaturverzeichnis

Bahlburg, C. (2005): Hochwasser und andere Katastrophen – Was haben wir gelernt? In: Karl, H./ Pohl, J./ Zimmermann H. (Hrsg.) (2005): Risiken in Umwelt und Technik – Vorsorge durch Raumplanung. Hannover: ARL, 3-14.

Berz, G. (2002): Naturkatastrophen im 21.Jahrhundert. In: Geographische Rundschau 54(1), 9-14.

Borger, G. (2004): The Netherlands and the North Sea, a close relationship in historical Perspective. In: Dietz, T. / Hoekstra, P. / Thissen, F. (Hrsg.) (2004): The Netherlands and the North Sea, Dutch Geography 2000-2004. Utrecht: IGU Section The Netherlands (=Netherlands Geographical Studies 325), 13-17.

Brunotte, E. /Schlepütz, E. (2004): Leben mit dem Hochwasser, Der Rhein – Lebensader und Schadenbringer. In: Schweizer, G./ Krass, F./ Zehner, K. (Hrsg.) (2004): Köln und der Kölner Raum Teil 2 (=Kölner Geographische Arbeiten 83) Köln: Selbstverlag - Geographisches Instituts der Universität zu Köln, 21-30.

Grünewald, U. (2005): Vorsorge gegenüber Naturrisiken: Nach den Augustfluten 2002 in Mittel- und Zentraleuropa – Hochwasservorsorge in Deutschland. In: Karl, H./ Pohl, J./ Zimmerman H. (Hrsg.) (2005): Risiken in Umwelt und Raumplanung - Vorsorge durch Raumplanung. Hannover: ARL, 78-85.

Honecker, U. (2005): Bewertung des naturnahen Retentionspotenzials in Gewässer-Aue-Systemen. Saarbrücken: Selbstverlag der Fachrichtung Geographie der Universität des Saarlandes (=Saarbrücker Geographische Arbeiten 49).

Kron, W. (2003): Hochwasserrisiko und Überschwemmungsvorsorge an Flussauen. In: Karl, H./ Pohl, J. (Hrsg.) (2003): Raumorientiertes Risikomanagement in Technik und Umwelt – Katastrophenvorsorge durch Raumplanung. Hannover: ARL, 79-101.

Merz, B. (2006): Hochwasserrisiken - Grenzen und Möglichkeiten. Stuttgart: Schweizerbart' sche Verlagsbuchhandlung (Nägele u. Obermiller).

(o. A.) (1995): Hochwasserschutz in Sachsen.
 In: Staatsministerium für Umwelt und Landesentwicklung des Freistaates Sachsen
 (Hrsg.) (1995): Materialien für Wasserwirtschaft 1/1995. Delitzsch: Sachsenwer-
 bungs- und Verlags – GmbH.

Opp, C. (2004): Hochwasserforschung heute – Ursachen, Wirkungen und Folgen, unter
 besonderer Berücksichtigung des Hochwassers im Elbe-Einzugsgebiet vom August
 2002. In: Marburger Geographische Schriften 140, 86-115.

Pohl, J. (2002): Hochwasser und Hochwassermanagement am Rhein. In: Geographische
 Rundschau 54(1), 30-36.

Stadtentwässerungsbetriebe Köln (AöR) (2009): Hochwassermanagement
 < http://www.steb-koeln.de/management0.html > abgerufen am 17.11.2009.

Technisches Hilfswerk (THW) (2009): Deiche/Dämme
 <http://deichverteidigung.de/index.php?option=com_content&task=view&id=12&Itemid=27>
 abgerufen am 16.11.2009.

Technisches Hilfswerk (THW) (2009): Hochwasser – Arten
 <http://deichverteidigung.de/index.php?option=com_content&task=view&id=19&Itemid=37>
 abgerufen 1m 16.11.2009.